生而自由系列

拯救老虎

感動人心的真實故事

Tiger Rescue

A True Story

路易莎·里曼（Louisa Leaman）◎作者

高子梅 ◎譯者

晨星出版

前言

哈囉，大家好！

有時候有人會問我，我有沒有在野外見過老虎。當我回答沒有時，他們好像都很驚訝，可是老虎不像獅子那樣是生活在原野，而是住在叢林和森林裡，不過當然也可能是因為天生懼怕和懷疑人類。

我曾經見過老虎的一兩個腳印，感覺很奇妙，我知道這裡有老虎……就在這座森林裡，牠們活著而且過得很好。

我曾經有很長一段時間很著迷大型貓科動物，每一種都喜歡。五十三年前，我跟我丈夫比爾·崔佛斯（Bill Travers）前往

肯亞（Kenya）主演一部叫做〈獅子與我〉（*Born Free*）的電影〔改編自喬伊‧亞當森（Joe Adamson）的有名著作〕，從此認識了獅子這種動物⋯⋯電影是在描述一頭叫愛爾莎（Elsa）的美麗母獅。

多年後，我們成立了自己的動物慈善事業，才開始見到形形色色的野生動物⋯⋯不過大多是被囚禁的。每當我們好不容易把被關在鐵籠或小圍欄裡的野生動物救出來時，就會覺得好開心。我們在一九八七年第一次的老虎救援行動，總共救出六頭馬戲團的老虎。他們的飼主沒有執照，所以這幾頭原本威武的動物一直被關在獸欄車裡。後來梅德斯通自治市議會（Maidstone Borough Council）喝令馬戲團停業，並請求我們的協助。於是我們想辦法在印度的班內加塔國家公園（Bannerghatta National Park）幫這六頭老虎打造了一處保護區。那時候我們哪裡知道多年後會再接手另外六頭老虎，送進同一座國家公園的另一處保護區裡。

一九九〇年代晚期，我們被告知巴塞隆納有家寵物店的籠子裡關了一頭小老虎。

這本書就是在說他的故事⋯⋯不過特別的是這頭叫洛基（Roque）的老虎到現在都還活著！他剛從西班牙來的時候，便被送進肯特郡（Kent）的大貓保護區（Big Cat Sanctuary），跟**生而自由基金會**從義大利馬戲團救回來的五頭老虎同住。

4

後來我們獲得許可，在印度設置了第二個老虎保護區，離第一個不遠。而第一批從馬戲團救援回來的老虎，只剩一頭還活著，他叫做格林威治（Greenwich），因此新保護區在二○○二年完工後，他便搬到那裡去。來自肯特郡的洛基和其他幾頭老虎，以及一頭來自比利時林堡動物園（Limburgse Zoo）名叫吉妮（Ginny）的老虎也隨後加入。

　　當你看見動物獲得了新生……終於遠離馬戲團的獸欄車或鐵籠時，那種心情是很難形容的。牠們開始探索新的環境，在池裡盡情戲水，躲進矮樹叢裡，懶洋洋地曬太陽，豎耳傾聽灌木的自然聲響。

　　雖然這本書是在說洛基的故事，但我剛也提到了其他被我們救援過的老虎，因為牠們就像是我們老虎救援行動的「創始者」一樣，永遠不該被遺忘。

　　牠們是很威武漂亮的動物，卻被那些完全不在乎牠們天性的人類利用、關籠、並剝奪了自由。

　　洛基現在十九歲了，算是老了，但還是英姿煥發，身體強健，而且始終沒忘記我們的大型貓科動物專家湯尼‧威爾斯（Tony Wiles），因為多年前他剛從寵物店被救出來的時候就遇見了他。

在理想的世界裡，野生動物不該因人類的一時興起而被囚禁。牠們是有野性的，野外才是牠們應該居住、挑戰、和完成自己宿命的地方。

這個世界要是少了牠們的足跡，真的會很可悲。

Virginia Mckenna

維吉妮亞・麥肯納（Virginia Mckenna OBE）
演員兼生而自由基金會創辦人之受託人
*OBE 大英帝國官佐勳章

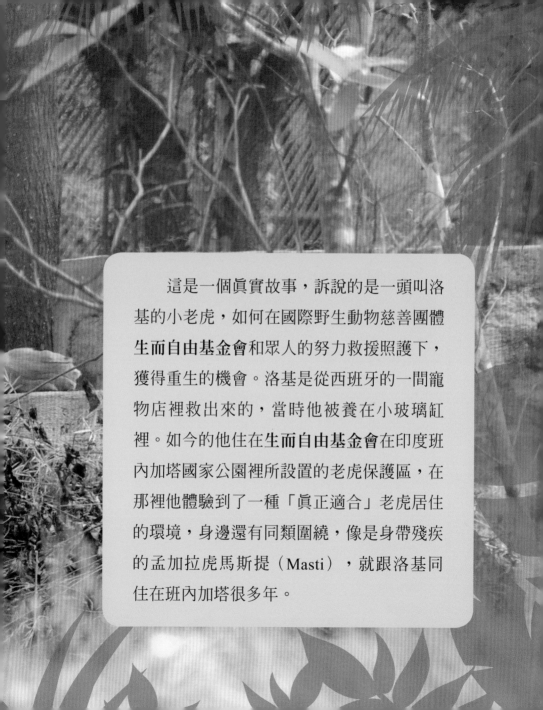

　　這是一個真實故事，訴說的是一頭叫洛基的小老虎，如何在國際野生動物慈善團體**生而自由基金會**和眾人的努力救援照護下，獲得重生的機會。洛基是從西班牙的一間寵物店裡救出來的，當時他被養在小玻璃缸裡。如今的他住在**生而自由基金會**在印度班內加塔國家公園裡所設置的老虎保護區，在那裡他體驗到了一種「真正適合」老虎居住的環境，身邊還有同類圍繞，像是身帶殘疾的孟加拉虎馬斯提（Masti），就跟洛基同住在班內加塔很多年。

洛基

- 蘇門答臘公虎
- 生日：一九九八年五月十七日
- 五個月大時從西班牙的一間寵物店被救出來
- 最愛玩的遊戲：追逐、捉迷藏、獵者和獵物
- 個性：熱情、愛玩、親人
- 住在班內加塔的生而自由基金會老虎保護區裡的他越來越獨立自主，不過始終沒忘記他最愛的照護員湯尼‧威爾斯。

馬斯提 小檔案

- 身有殘疾的孟加拉公虎
- 出生在野外，但因前爪被盜獵者的陷阱弄殘而無法在野外獨自生存，傷勢重到必須切除下肢。
- 個性：容易緊張、有攻擊性，但只要和其他老虎在一起就很自在放鬆
- 最愛的活動：泡在自己的水池裡；四處拍打籃球；探索他那被特別打造過的居住環境；在他的領地裡四處留下氣味記號
- 二〇一三年安詳離世之前，在印度的生而自由基金會老虎保護區裡住了六年。

第 一 章
西班牙的寵物店

　　在西班牙巴塞隆納的市郊處，有一間寵物店擠身在高樓大廈的陰影下和車水馬龍的街道裡，正準備開門營業。就像所有寵物店一樣，店裡有售各式各樣動物專用的器具，包括兔子的睡床、會吱吱叫的狗玩具、魚缸、籠子、飼料餵食器，也販售沙鼠、天竺鼠、和兔子這類動物，還為一群特別的顧客提供一些較不尋常的貨色。就在掛著狗牽繩和防跳蚤項圈的架子後面，有一扇上鎖的門，只要穿過那扇門，再爬上一段樓梯，就會看見兩個祕密夾層，裡頭藏了一些罕見的珍奇異獸。

今天店老板心情很好，因為他正要售出一頭稀有的動物：小老虎。這幾年來他已經賣出很多頭，所以他知道這利潤有多高。他根本不在乎買賣老虎屬於違法交易，也無所謂老虎是瀕臨絕種的動物。他似乎也不關心商業交易所帶給這頭動物的傷害。他看著地板上瑟縮躲在籠內狗屋裡的小老虎，臉上浮起一抹笑，因為他想到賣了小老虎之後拿到的錢可以買到多少東西。

知識小檔案

才不過是一百年前，從土耳其一直到遠東地帶的整片亞洲地區，都能找得到老虎的蹤跡。但令人難過的是，由於獵捕和棲息地喪失的關係，老虎族群驟降，今天的數量已經從十萬頭減少到不足四千頭。國際間的老虎交易是違反的，但可悲的是，交易始終不斷。目前也仍有很多老虎遭到囚禁，未能在野外生活。

這頭小老虎全身毛絨絨的，有一身橘黑相間的條紋、粗短的耳朵、黃色的眼睛、和厚實的腳爪，嘴裡不時發出悲鳴聲。身處在這樣一個極度人工的環境裡，他覺得很不舒服，很沒安全感。他想要找媽媽，他想跟兄弟姐妹在草叢裡玩耍。但是他在這間寵物店裡的動物同伴只有一隻猴子、一隻浣熊、和一頭山貓……牠們也都被關在各自的籠子裡，面對未知的命運。

小老虎的西班牙名字叫做Rogue（發音就像是英文的Rocky，洛基），是用西班牙的一位聖人名字命名的。他五個月前才在比利時的一家動物園裡出生，出生才三天，眼睛都還沒睜開，還在吸他媽媽的奶，就被人帶走，賣給這位很沒道德的店老板。對洛基和老虎媽媽來說，那是場可怕的痛苦經驗。洛基橫越歐陸，被運送到這家西班牙寵物店樓上的祕密房間裡，也就是他此刻瑟縮、驚恐和獨處的空間。一開始，店老板必須每三個小時用奶瓶餵他一次，方能取代從老虎媽媽那裡攝取不到的乳汁。不過至少他現在有狗窩可睡了。最起初，店老板是把他養在架上一

個骯髒的玻璃缸裡，就是用來養魚或養爬蟲動物的那種玻璃缸⋯⋯對任何動物來說都不算是舒適的窩，尤其對一頭小老虎而言。

　　這幾年來，這個店老闆已經非法交易了許多動物，包括小象、小獅子、小豹、和小熊。老虎向來深受歡迎⋯⋯而且利潤可觀。小老虎至少可以賣到三千英鎊，至於一頭

成年的老虎則可賣到三萬英鎊，這麼漂亮的動物也難怪價碼這麼高。

　　小老虎通常都是被私人收藏家買去，他們向來喜歡把奇珍異獸當成「寵物」來養。可是一旦這種可愛的小東西

不管是在馬戲團、動物園、老虎養殖場、還是被當成寵物，老虎總是不斷被人類剝削利用。牠們的毛皮可以製成奢華的毯子，骨頭可以泡成虎骨酒，身體各部位也各有用途，市場需求造成越來越多野生老虎遭到宰殺。如果我們再不保護牠們和牠們的棲息地，老虎很快就會絕種。

開始長大，豢養老虎這件事顯然就變得很困難……而且危險。一頭體型成熟的公老虎，胃口奇大無比，尖牙鋒利又力大無窮，利爪一揮，便足以砍死人，絕不是什麼容易豢養或安全的「寵物」。有時候，這些老虎會再被交易出去，可能賣給動物園或馬戲團，從此關在籠子裡度過悲慘的一生。更有些時候是被賣掉之後，遭到宰殺，供應給中藥市場。

　　洛基的下一個命運，誰都說不準。

第二章
救援行動

　　洛基閉上眼睛。反正也無處可去，無事可做。狗屋的四堵牆活像監獄似的。這時候的店老板開了一罐狗食。狗食其實不適合餵老虎，但還是得餵。他可不希望洛基餓肚子，因為如果他想賣個好價錢的話，小老虎一定得看起來很健康才行。就在這時候，前面店門被打開了。店老板趕緊下樓，希望是他正在等候的貴客……一對荷蘭夫妻……他們前一天才來過，要買一頭老虎。當時這對夫妻跟店老板打過招呼後，便立刻轉入正題。

「是啊，」他們說道，「我們想買老虎。」

「那就跟我來。」店老板說道。

他先在櫥窗那裡掛上「休息中」的掛牌，然後帶著這對夫妻上樓進到密室。他沒有問他們的身份，也沒有問他們買老虎要做什麼。這不關他的事。只要有利可圖，這頭小老虎的未來根本不在他的考量中。只是他不知道他以為是顧客的這對夫妻其實不是夫妻。他們其中一位是臥底的調查員，另一位是報社記者。臥底調查員聽聞有老虎被當成寵物販賣，於是連絡了**生而自由基金會**，後者則轉向報社示警。這次的小老虎救援行動是經過審慎規畫的，不只得確保獲救的洛基會有個好去處，也要一併舉發這家寵物店非法販售瀕臨絕種的動物。

「他在這裡。」店老板說道，同時朝小老虎的方向點頭示意。

洛基抬頭張望，又發出可憐的啜泣聲。他盯著那幾張正在審視他的臉看，不曉得他們究竟是善意還是不懷好意。

「他是人工飼養下出生的，所以交易完全合法。」店老板在撒謊。「他三天大的時候，我們就把他從老虎媽媽身邊帶走，所以他第一次睜開眼看到的就是人類，這是好事，代表他是一頭被馴化的老虎，很適合當寵物。」

在野外，雌虎一次會生下兩到六隻小老虎，老虎媽媽會自己養育小老虎，公老虎鮮少或甚至不參與撫養過程。小老虎大約在六個月大時會學習獵殺，但十五個月大之前都還是依賴老虎媽媽，之後才各自分開，去尋找自己的領地。

「那我們可以看一下他的官方文件嗎？」那位女士問道。

「沒有文件，但我可以用三千英鎊賣給你。」

這對夫妻冷靜地將錢交給店老板。洛基縮成一團，躲在運輸籠的最裡面，籠子外頭蓋了一條厚毛毯，以免被人看見。這突如其來的黑暗令他困惑。現在是怎樣？籠子一路搖來晃去地被拎下樓，裝進店老板的貨車裡。洛基完全不知道接下來會發生什麼事。他一頭霧水，很是害怕。

貨車開到這對「夫妻」下榻的飯店，好讓洛基順利移轉進他們的休旅車裡。兩台車背對背停放，各自打開後車廂門。然後籠子就被火速地從其中一台的後車廂移到另一台。交易完成。等店老板一離開現場，就要執行接下來的計畫了。

生而自由基金會的一群動物專家連同一台白色廂型車正在飯店停車場上等候，組員包括大型貓科動物專家湯尼‧威爾斯、獸醫約翰‧肯恩沃德（John Kenward）和動物照護員珍‧利弗摩（Jane Livermore）。他們一得到暗

23

號，確定小老虎已經安全送進那對夫妻的車子裡，便立刻把廂型車開出停車場去接應那台休旅車，然後火速將小老虎移進他們的白色廂型車裡。他們必須很小心，因為店老板還是有可能發現自己被設計了，或許會火大到強行索回洛基。所以危機還沒解除。

這個小組得盡快把洛基送到安全的地方。當時他們分秒必爭地跳進廂型車，珍隨即拿下籠子上的毯子，好讓洛基呼吸點新鮮空氣……洛基在毯子被打開的那一刹那所瞥見的這群人，將在他的新生命裡扮演重要角色，因為他們很在乎他未來的幸福。洛基爽眼朦朧地眨眨眼睛，一眼瞧見廂型車的四堵牆。又是一個令他困惑的場景，又多出了幾個陌生人類……但至少他們的臉上似乎掛著笑容。

他們全速駛離巴塞隆納，前往一棟安全的屋宅，屋主是一對熱愛動物的夫婦（他們是**生而自由基金會**創辦人維吉妮亞‧麥肯納的好友），就座落在卡拉費爾（Calafel）的海灘渡假村裡。洛基被偷偷移出廂型車，從後花園進到屋子裡。組員們小心翼翼，不想引起太多人注意……他們

可不希望大家開始談論這裡有小老虎，然後洩露出他的所在位置出去。從現在起，**生而自由基金會**將負責照顧他。但那位臥底記者的工作還沒完。她會為報社寫篇報導，將那家寵物店非法又殘忍的動物交易公諸於世。

第三章
中途之家

　　洛基的新家位在地下室客房的雜物間兼淋浴間裡。這是屋子裡唯一能安全關住他的地方。大型貓科動物專家湯尼很小心地幫忙獸醫約翰讓洛基鎮定下來，以便幫他做個徹底的檢查。他們剪了他的指甲，將它們磨鈍，免得日後近身陪他活動時被抓傷。他們也趁這機會幫他戴上項圈，這樣一來，就算花園裡的臨時圍場還在蓋，也能安全無虞地帶他到外面去。

　　洛基甦醒了，精神恢復得很快。此刻的他已經忘了剛

剛那場驚心動魄的脫逃過程，等不及想去探索新環境。湯尼將牽繩扣上他的項圈，帶他到外面去。他一到戶外，便突然電力十足地四處跑來跑去，耳朵豎得筆直，老虎的所有感官全都活了過來。現在的他顯然自信多了，準備要大玩特玩！

第二天，小組成員直接殺到DIY店採買線材和木料，想幫洛基在花園裡蓋一座新的日間圍場，方便他呼吸新鮮空氣和活動筋骨。他們花了一天的時間用堅韌的線材在院子四周架出圍籬。那只是一塊很小的地方，但已經比洛基以前待過的空間大很多了。

湯尼開始拿玩具給洛基玩。洛基對籃球和西瓜特別感興趣，他最愛四處拍打它們，打爛之後，再大嚼特嚼。湯尼還特地幫自己準備了一只有厚襯裡的袖套，那本來是用來保護正在訓練警犬的訓犬員。湯尼第一次陪洛基玩時，就把它穿在夾克底下，因為小老虎很容易興奮激動，有時候會想用牙齒啃。這個袖套可以讓湯尼承受得住洛基那孔武有力的下顎……因為哪怕是被最小隻的老虎輕輕一咬，

也會造成不小的傷害。洛基喜歡「打打鬧鬧式」的互動遊戲。他終於能夠大玩特玩，盡情發揮小老虎的本性，而不是被困在小小的籠子裡。

洛基晚上就睡在淋浴間裡的厚毯子上，小組成員輪流陪睡在鄰近的房間裡。這不光是為了看著他，也是為了跟

洛基培養感情。儘管他年幼時有過悽慘的遭遇，但顯然還是願意原諒和信任好心的人類。他尤其喜歡湯尼的陪伴，兩個感情好得不得了。但湯尼仍然很小心，因爲洛基雖然只是一頭小老虎，卻經常表現出力大無窮的一面。有一次，他竟然把湯尼整個人翻到雙人床底下，還把床墊扯了下來，過程中被捲進床單，困在裡面。

老虎向來以驚人的體力和力大無窮著名。牠們能夠跳得很遠，短距離內的跑速也相當飛快，時速高達每小時五十五公里。成年的公虎體重可重達三百六十三公斤……差不多是十個十歲大的人類重量。

位在卡拉費爾的那棟屋子只打算作爲洛基的臨時居所。一個月後，改好的合法文件準備就緒，洛基總算可以被遷移到**生而自由基金會**在英國肯特郡所贊助的大型貓科動物收容所，那裡有特別爲他闢建的圍場。這頭小老虎將從此展開快樂的全新生活，那裡會有開闊的空間和許多友善的面孔。

第四章
肯特郡大型貓科動物收容所

　　被送進大型貓科動物收容所裡的洛基，在湯尼・威爾斯和**生而自由基金會**的其他小組成員的照顧下，逐漸長大。他們很疼愛洛基，盡可能提供他最好的生活。當時他們已經在照顧幾頭比較年長的老虎，都是**生而自由基金會**一九九七年從一家倒閉的義大利馬戲團救出來的：有哈拉克（Harak）和茱蒂（Zeudy）兩兄妹、塔拉斯（Taras）、外表威武的羅依（Royale）、和個性緊張的金恩（King）。

此外還有從比利時動物園救回來的一頭年紀很大的雌虎，
名叫吉妮（Ginny）。

老虎分成幾個亞種。目前還有五個亞種存在，都是根據牠們的棲息地來命名：孟加拉虎（Bangal）、華南虎（South China）、印度支那虎（Indochinese）、蘇門答臘虎、和西伯利亞虎〔也稱之為阿穆爾虎（Amur）〕。可惜的是，另有三個亞種已經絕跡：裏海虎（Caspian）、峇里虎（Bali）、爪哇虎（Javan）。每個亞種都各自演化出適合當地環境條件的特徵。比方說，西伯利亞虎的體型龐大，有多出來的脂肪和厚重的毛髮可以讓牠們在西伯利亞白雪覆蓋的寒冬裡保住體溫和進行狩獵。至於蘇門答臘虎的嬌小體型和相對深色的毛髮，則有助牠們隱密地生活在濃密悶熱的叢林裡。

洛基在牠們當中特別顯得醒目，不只是因為他比較年輕，也是因為他來自於不同的亞種。他屬於蘇門答臘虎，這個亞種來自於東南亞悶熱潮濕的叢林，所以長大後的體型會比其他老虎來得小，而且外型較為流線形，橘色毛髮比較暗沉。至於來自馬戲團的那群老虎都是西伯利亞虎（Siberian），能適應較冷的天候，所以體型很是巨大龐然，有厚重的淺橘色毛髮。

儘管洛基的救援過程驚險，但他很快就適應了肯特郡的新環境。做過初步檢疫之後，他就開始去探索戶外圍場。這一切對他來說，實在太刺激好玩了，因為他從來沒有這麼自由過。他在草地上打滾，在灌木叢底碎步疾奔，他嗅聞空氣、追逐落葉。雖然有這麼多東西等待他去發掘，但也很是小心翼翼，舉凡扎人的蕁麻和驚天動地的雷聲，都會嚇得他火速衝回屋內。

洛基和湯尼還是很要好。洛基一看見湯尼來了，就會趨近圍籬想找他玩捉迷藏或追逐的遊戲。他會開心地隔著圍籬讓湯尼搓他耳朵和幫他搔背。

相反的，馬戲團來的西伯利亞虎卻非常怕人。曾被虐待多年的牠們，學會了懼怕人類。我們無從得知牠們過去在馬戲團究竟過著什麼樣的生活，但很有可能是透過處罰的方式糾正「行為」，被逼著表演，而且只提供有限的運動空間，將牠們關在狹小的籠子裡，鮮少有喝水的機會。

那頭叫茱蒂的雌虎和她哥哥哈拉克，狀況都不是很好，連要維持正常體重都不太容易。而且哈拉克的走路方式很怪，好像後腿沒有發育完全。**生而自由基金會**懷疑牠們是近親交配下的產物，所以永遠無法像正常的西伯利亞虎那般強壯和活力充沛（西伯利亞虎被視為是全世界體型最大的大型貓科動物）。至於其他的西伯利亞虎（羅依、金恩、和吉妮）都正漸漸老去，所以也不是那麼健康，但這並不表示不值得給牠們好的生活品質。

住在肯特郡收容所的洛基長得越來越好。飲食內容獲得改善後，成長速度更顯飛快，短短幾年便完全成熟，已經是一頭年輕健康的公虎。他見到湯尼還是很開心，只是為了安全起見，必須用圍籬隔開，因為他看起來顯然是一

頭有點危險的動物。湯尼曾試圖教他「玩得溫和一點」，但是如果湯尼背對著他，或者只是分神了幾秒，洛基就會很本能地猛撲隔在他們中間的圍籬，活像在獵捕獵物似的。

洛基的體型越長越大，也越來越喜歡探險。他顯然需要一個更有挑戰性的環境。肯特郡收容所很適合幫忙他復

在野外，老虎是最頂端的掠食者，意思是牠們位在最上層的食物鏈，所以身體結構的設計是用來獵捕大型的獵物，牠們前腿粗短結實，巨大的爪子伸縮自如，下顎孔武有力，尖牙猶如剪刀，是眾所皆知的「埋伏型」狩獵者，可以悄聲無息地跟蹤獵物，繞著牠們伺機等候，最後衝出去，飛撲而上，從後方死咬住獵物。

知識小檔案

元幼年的創傷，但團隊小組都希望他能在一個更接近天然棲息地的環境裡展開未來的生活。

　　肯特郡收容所並不適合洛基長久居住，因為它本身就存在著幾個問題。第一，英國的天氣太冷。洛基是蘇門答臘虎，較適合住在熱帶氣候下的天然環境裡。肯特郡的低溫、冷風、和經常性的下雨對他來說並不舒服。而且肯特郡的圍場面積對他而言也小了點。如果洛基想要真正盡情地發揮老虎的本能，就需要有足夠空間讓他徜徉其中。可惜的是，洛基被救援前所遭遇的生活害他日後根本不可能獨自在野外求生，所以放他回歸野外並不在選項裡。但幸好**生而自由基金會**另有規畫……

第五章
通往印度

　　二○○二年，**生而自由基金會**在印度南部卡納塔克邦（Karnataka）的班內加塔國家公園裡新設的老虎保護區終於完工，總共花了兩年時間，但這一切都很值得，因為這代表像洛基和茱蒂這些無辜的老虎總算會有自己的叢林，也總算有機會去體驗最近似「棲息地」的野外生活。

　　由茂密的森林與灌木林組合而成的班內加塔，裡頭本來就充斥著包括大象、花豹、熊、野牛、鹿、爬蟲類動物、形形色色的鳥和昆蟲等在內的各種野生動物。主公園開放給遊客參加野生動物觀賞之旅，但老虎保護區謝絕遊

老虎是天生獨居的動物，領地範圍很大，常被視為很神秘的動物，因為多數時間都藏在森林深處。

客進入，以便尊重這些動物的隱私，確保牠們有平靜的生活。但附近仍有照護員會幫牠們準備食物、飲水、和必要的醫療。

二〇〇二年四月，該是時候將肯特郡的老虎們遷移到新家了。對**生而自由基金會**來說，這是趟既耗時又費力的工程。我們不是只搬運一頭老虎到世界的另一端，而是六

頭老虎。令人扼腕的是，塔拉斯在去年十二月因癌症離世。這場艱辛漫長的旅程預計得花上兩天時間，所以需要周詳和專業的作業計畫。

作業計畫的第一步是將老虎們從肯特郡的圍場誘引出來，分別裝進各自的鐵籠裡，好方便運輸。我們是用肉塊誘引和鼓勵牠們進入鐵籠。

生性好奇的洛基很容易被誘引進去，但另外六頭馬戲團的老虎面對誘引，就顯得提防多了。照護員的動作必須俐落和小心，不僅得保護老虎的安全，也要確保工作人員自身的安全。畢竟牠們雖然很熟悉這幾頭老虎，但老虎的野性難以預料，力氣又奇大無比，所以是危險的動物。只要有一點閃失，便可能出人命。

被各自裝進鐵籠的老虎是用聯結車運送到希斯羅機場（Heathrow airport），然後被擱放在一處僻靜的區域，等待必要的海關文件處理完畢。最後一切準備就緒，牠們被抬上英國航空公司（British Airway）的飛機貨艙裡，在一組獸醫和照護員的陪同之下飛去前往印度的欽奈（Chennai）。九個小時的飛行過程中，他們得不時檢查老虎們的狀況，確保牠們不會太不舒服或太難受。等到飛機終於落地，立刻提供飲水給牠們喝，再送進卡車，行駛十一個小時，前往班內加塔。

洛基全程都很安靜和聽話，或許是因為這又是一趟令他難以理解的車馬顛簸經驗。毫無疑問的，這趟漫長的旅

程對他和其他老虎而言絕對是很大的壓力，不過牠們這輩子也不是沒經歷過比這還要可怕的經驗，而且不也都熬過來了。更何況這場旅程的終點……儘管老虎們還不知情……是爲了讓牠們擁有更美好的未來。

老虎有能力獵殺體型是牠兩倍大的獵物。牠們的尖牙和利爪強而有力到足以咬斷骨頭。牠們只要揮動一隻前爪，便足以打碎某些獵物的頭骨或背脊。

第六章
班內加塔

　　班內加塔的老虎保護區被隔成幾個圍場，就是所謂的圈地（kraals）。洛基和馬戲團的老虎都有自己的圈地，提供約一英畝的森林棲息地外加飲水的地方。此外牠們也都有隱蔽的夜間圈地可住。印度的律法明文規定，所有被圈養的老虎夜裡都得關起來，以免被盜獵或遭遇可能危險。可是**生而自由基金會**想要他們的老虎能一天二十四小時都待在戶外，盡可能提供牠們最接近大自然的生活方式。於是和印度當局交涉，最後當局同意老虎可以住在特殊的戶外夜間圈地裡……就是照護員基地附近的綠地。

湯尼和小組成員看見老虎們很快就適應圍場的生活，都覺得很欣慰。尤其洛基對森林裡的新家特別興奮。原本一開始他都待在剛被送進圍場時所待的位置，不願離開照護者的視線，但過了幾天，就開始對四周環境感到好奇，沒多久竟閒晃進水池裡，或者在草地上打滾，或是享受日光浴。他經常尋求**生而自由基金會**照護員對他的注意，這也難怪，畢竟他這輩子到目前為止，都有他們的陪伴，所以很習慣有他們在身邊，甚至會因為看到他們而感到安心。他經常會磨蹭圍場的圍籬，要他們摸摸他。有時候還會用耳朵抵著圍籬，看誰能幫他呵個癢。他的親人模樣很令人融化，但小組成員還是希望他在經過一段時間之後，會因森林圈地的自由開闊而**變得更獨立**，讓天生就是老虎的他更像一頭真正的老虎。

洛基對這地方似乎比對以前的舊家還要滿意，因為這裡的空間變大了，還有他發現自己變得更獨立了。他終於可以去體驗那種更近似他野外同類所過的生活。只不過牠們之間最大的差別在於他不必自己狩獵就有食物吃。在保護區裡，工作人員會提供洛基和其他老虎所需的食物，包括牛肉和雞肉。所以不管牠們躲在森林圈地多深處的地方，一到餵食時間，都一定會出來。照護員也會趁這時候

小心觀察他們的狀況，確保他們的體重沒有減輕或增加太多。茱蒂和哈拉克似乎比較習慣每天進食。但洛基可以接受三天餵一次的方式，這也是野外老虎比較可能有的進食模式。

老虎的進食方式是「不是飽餐一頓就是餓著肚皮」，意思是牠們會大吃特吃，然後等到肚子餓了才又進食。牠們是肉食動物……只吃肉，而且主要都是獵食鹿、野豬、羚羊、野牛這類大型哺乳動物。要是宰殺到的獵物體型很大，牠們會把吃不完的部份拖進灌木叢裡，用枯葉稍微掩蓋，一會兒再回來吃。若是獵物是由幾頭老虎合力獵殺，公虎通常會等雌虎和小老虎先吃，這跟獅子的作風完全不同。老虎們很少為了獵物爭吵或打架……牠們會等到輪到自己時，才上前進食。

體力充沛、對生活充滿熱情的洛基，在印度過得如魚得水。倒是茉蒂和哈拉克因為早年生活環境很糟，體力較為虛弱，不過儘管病痛不斷，看起來卻像是很清楚自己現在是威風凜懍的老虎了，所以在領地裡閒晃時，總是一付很自豪的模樣，熱愛叢林裡刺激的生活和好玩的深水池。

　　班內加塔的極端天候給洛基和其他老虎帶來了不少全新的體驗。在國家公園裡，一年當中有大多時候都是炎熱乾燥的。酷熱的天氣迫使洛基躲在蔭涼處或者泡在水池裡降溫。這種時候，他通常很快就累，而且變得安靜。可能是因為這是他生平第一次遇到的奇怪經驗，畢竟他以前住在英國，那裡天候較冷。

　　等到雨季來臨時，氣溫轉涼，滂沱大雨取代了熱浪和塵埃。這時候的洛基會因為天氣涼爽而變得活躍起來，精神奕奕。他會在遼闊的領地裡盡情探險和玩耍。不過充沛的雨水也會促進草木的生長。要在灌木茂盛、百花齊放和林木蓬勃的環境下觀察洛基的動靜，固然是很有趣，但也因為草木的過度茂密而難以查探到他究竟藏在何處。

雨季的來臨也會帶來一些問題。若是雨勢太大，洛基和其他老虎會變得很不安。牠們會躲在自己的窩裡，直到雨勢緩和。另一個問題是大雨時和大雨過後會出現很多飛蟲。洛基尤其被牠們搞得很煩，會對著牠們吼叫和開咬，脾氣變得很暴躁。最後他發現只要躲進濃密的矮木叢裡便可躲開蟲子，於是要看到他的蹤影就更難了。不過這也算是好消息……表示洛基越來越有老虎的典型行為。

第七章
湯尼的來訪

過了幾個月，洛基自行揣摩出訣竅，懂得躲進矮木叢的更深處，或者在高聳的竹林裡挖洞，只在餵食時間才出現。他會四處巡邏自己的領地，探查同住在灌木叢裡形形色色的昆蟲、蜥蜴、和哺乳動物，非常樂在其中。他也在成排的岩塊上方的一株灌木底下找到一處他最愛待的角落，那裡有很棒的視野，可以環顧他的領地。這種感覺對他來說一定很不可思議，畢竟小時候曾在寵物店架子上的玻璃缸裡住了好幾週，現在卻有大片的印度森林歸他看管。

新發掘到的自由使得洛基漸漸不再尋求照護員的陪伴，但是他和湯尼之間的情誼始終不變。**生而自由基金會**始終有在監控他們的老虎在班內加塔的生活狀況，哪怕那地方離他們遙遠。而湯尼會定期出差前往班內加塔，大概一年有三次會去探望正在叢林裡享受新生活的老虎們，有時候是在涼爽的雨季，也有時候是在酷熱的旱季。每次來訪，他都很期待與洛基的相處時間，也好奇會不會有一天洛基完全忘了他。

　　但每一次洛基對他的熱絡程度都不亞於他的。顯然洛基還記得他的人類老朋友，很開心有他的陪伴。哪怕當時洛基是在森林圈地的最深處或居高臨下地站在他最愛的大岩塊上，但只要湯尼走到圍籬附近，被洛基瞄到他的身影或聽見他的聲響，都會立刻跑過來。他們會花好幾個小時大玩特玩以前幾個老遊戲，譬如獵者和獵物、捉迷藏、和追逐……不過湯尼始終待在圍籬的另一頭。因為儘管感情再好，湯尼也從來不會理所當然地認定自己的安全必定無虞。他從來沒有忘記洛基是一頭力大無窮的大貓，隨便一

咬便可能致人於死地。

　　有時候若是洛基不太想動，他們就會隔著圍籬並肩躺下，看著周遭世界慢慢移動。也有些時候，洛基會自我炫耀，驕傲地走上領地的最頂端，或者進出大水池好幾趟，故意在他面前走來走去……好像是想叫湯尼一起來玩水。

老虎不像
多數的貓科
動物，牠們
很善泳，天氣炎熱時，經常會到湖裡
和溪裡戲水降溫。牠們從小就會跑進水裡玩
耍，長大後也一樣。牠們可以為了捕捉獵物或
渡河而游上好幾公里。有些老虎甚至一天要游上
近三十公里，幾乎是從英格蘭到法國的距離了。

　　馬戲團來的老虎們則對跟人類互動這種事興趣缺缺，寧願獨處。湯尼多半是來觀察牠們而非陪牠們玩耍。只有西伯利亞雌虎茱蒂偶而會對他感到興趣，前來打聲招呼，但很快就退縮回去。

　　有時候湯尼來訪時，剛好是雨季，森林草木蔓生，就只能瞥到橘黑相間的身影，不過他並不在意，反倒很開心

所有老虎⋯⋯包括洛基在內⋯⋯都變得越來越野生了，開始懂得躲進矮木叢裡，靠樹枝和灌木來偽裝。

知識
小檔案

老虎身上
獨特的條紋
外衣可以在林子
裡和長草叢
裡提供絕佳
的偽裝，這有
助於牠們偷偷接近
獵物，完全不被察
覺。每頭老虎身上的條紋
花色都不同，就像人類的
指紋一樣各不相同。而且
老虎也跟家貓一樣，毛髮上
的條紋也同樣會出現在皮膚
上，所以哪怕剃光了毛，
身上還是看得到條紋。

第八章
總是讓老虎有事可做

　　湯尼來訪班內加塔的目的之一是要確保這些森林圍場的管理得宜，環境對老虎來說夠安全，也夠有趣。洛基是其中一頭最年輕的老虎，精力最充沛，但因為從來沒在「完全野外的地方」生活過，所以並不懂得如何善用自己的體能去捉捕獵物或趕走競爭對手，因此圈地裡一定要有很多刺激物來挑戰他，幫他消耗過剩的體力，讓他不會對眼前的生活失去興趣，這一點非常重要。

　　洛基就跟許多老虎一樣喜歡潛入水中。水是一個他可

以躲藏、玩耍、消暑、或放鬆的地方。他會因為有水玩而感到開心，所以一定要有水源可以讓他接近。旱季的時候，若是雨季留下的水不夠多，森林圈地裡的一些天然水池就會完全乾涸。但幸好還有幾座人造池，可以靠水箱補充池水。

　　除了提供水源之外，工作人員也在林間蓋了形形色色的平台，栽植各式各樣的矮木和植物，並提供玩具，試探老虎們對它們有沒有興趣。新的活動設施增設好之後，老

虎們會先好奇地觀察，然後才上前嘗試。若是喜歡眼前的東西，便會一試再試。籃球向來是洛基的最愛，有時候只是丟幾顆到圍場裡讓他追逐和撲抓。也有些時候會掛在長竿子上，他就會跳上去拍打它們，或者想把它們扯下來……就像家貓在玩玩具一樣。

圈地裡有各式各樣的樹木和植物，包括竹子和常青

老虎的身手非常敏捷，靈活的身軀很擅長跑跳和攀爬。牠們的感官非常靈敏，有絕佳的視力，在黑暗中也能看見動靜，牠們聽覺敏銳，嗅覺良好，夜間視力比人類好上六倍。

知識小檔案

樹。下過雨後，這些草木會變得非常濃密茂盛。雖然老虎們喜歡它們的隱密性，但也會害牠們難以行走。所以定期清理很重要。矮木叢的修剪可以降低牠們被荊棘刺傷的風險，也能順道闢出更多的綠地。

　　有一次湯尼來訪的時候，洛基顯得心神不寧，看起來心情不好，變得很安靜。原來是他的腳墊被刺傷。雖然移

除了那根刺，卻造成感染，害他很不舒服，需要靠抗生素軟膏來治療。還好他夠相信人類，可以忍受住人類所提供的醫療協助。他會很有耐心地坐在特製的醫療籠子裡，讓其中一位照護員隔著鐵欄杆幫他抹上軟膏，另一位照護員則負責輕輕搓揉他的背，低聲哄他，讓他放心。沒多久，他便又能站起來，開心地奔進他在叢林裡的藏身處。

老虎在野外大約可活十五年，人工飼養的老虎可以活得久一點。大家都知道年老和受傷的老虎難以獵殺跑得很快的獵物，於是會餓到去攻擊人類或家畜，結果就被貼上了可怕動物的標籤。老虎主要是靠銳利的尖牙在野外求生，若是因為受傷或年紀大了而掉了犬齒（用來撕裂獵物的尖牙），便無法獵殺獵物，很可能會餓死。

知識小檔案

隨著時間的過去，來自馬戲團的其中幾頭老虎快要抵達生命的終點。哪怕死亡本就是生命循環中很自然的一部份，保護區還是會因爲失去了老虎而籠罩在哀傷裡。但**生而自由基金會**還是很感恩這些老虎能在有生之年逃過早年囚禁的悲慘命運，在肯特郡和班內加塔的保護區裡度過了最後幾年的快樂時光。

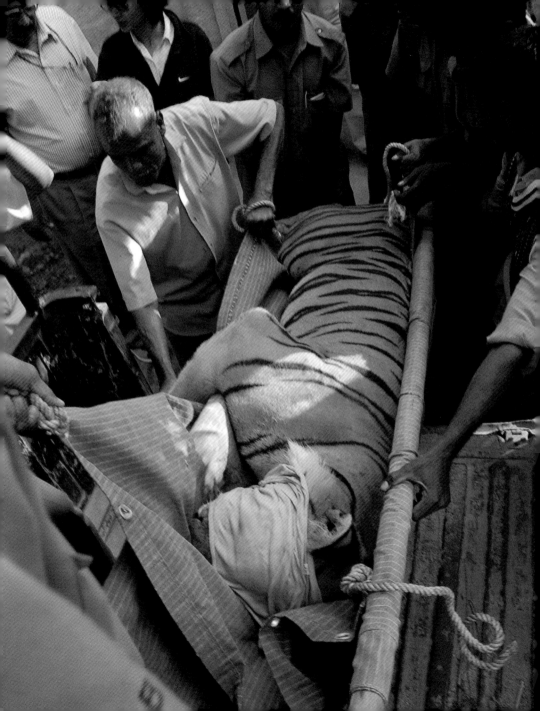

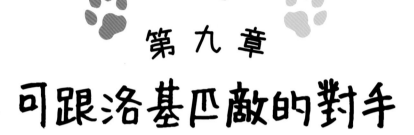

第九章
可跟洛基匹敵的對手

　　二〇〇七年，一頭威武的野生孟加拉虎被送進國家公園，他叫馬斯提（Masti），在很多方面都跟園裡的其他老虎不同。首先，他是本地種的孟加拉虎，再者，他是眞的「野生」老虎，不像洛基是被人類豢養長大。身爲蘇門答臘虎的洛基在班內加塔向來能引起印度照護員莫大的興趣，因爲他的體型比本地種的孟加拉虎小很多，而且比較流線形。現在他們有了一頭孟加拉虎作比較，兩者的差異立現。

孟加拉虎是老虎裡最常見的亞種，也是僅次於西伯利亞虎體形第二大的老虎。孟加拉虎可以重達二百二十七公斤。由於牠們的體型巨大，所以在原始棲息地裡幾無天敵……會對牠們的存在造成威脅的只有人類。牠們住在印度、尼泊爾、不丹、和孟加拉的濃密叢林和紅樹林沼澤地裡。

馬斯提〔這個名字是依據馬斯提嘎地路（Mastigudi Road）而命名，他是在那附近被發現的〕原本住在納迦霍國家公園裡（Nagarhole National Park），那是南印度一處很大的老虎棲息地。可是有一天他誤踏盜獵者用來抓野豬的陷阱，左前肢嚴重受傷。當時他設法把腿拉了出來，吃力地走到附近的洞穴裡，那對他來說是一段漫長又痛苦的經驗。後來他被當局抓到，送進邁索爾動物園裡（Mysore Zoo）裡，但因為傷勢太重，那隻前腿下肢一定得截肢。

獸醫知道少了前腳爪的馬斯提，行動力將從此受限，再也不能狩獵。可是要是無法狩獵，回到野外的他根本沒有生存的機會。於是他在邁索爾動物園待了兩年之後，就被送到班內加塔的救援中心。然後又被關在一個小圍場裡兩年多，因為一直找不到別的地方可以讓他去。還好**生而自由基金會**接手處理，提供馬斯提一處僅次於他野外老家的好地方供他養老……他將在**生而自由基金會**的老虎保護區裡有一個永遠的家。

從馬斯提抵達的第一天起，照護員就注意到他的性情跟從小被人類豢養大、已經跟他們住了一陣子的老虎們都不太一樣。馬斯提一被放進自己的圍場裡，便開始出現激烈憤怒的行為：咆哮、用力甩動身體。顯然是因為被關了多年，沮喪到了極點，現在總算可以發洩怒氣。他對人類具有高度攻擊性，這一點並不令人意外，畢竟是人類害他變成這樣。工作人員必須加強他圍場邊緣的防護措施，因為每次他們一靠近，他就會衝撞圍籬……萬一有一頭像馬斯提這樣的孟加拉虎破籬而出，後果將不堪設想。

生而自由基金會知道馬斯提需要的是寬敞的森林圈地，就像其他老虎那樣遠離繁忙的中央園區，平靜過活。但問題是他行動不便，若是把他放進矮木叢裡，可能有點危險，因為他走動上會很困難，恐怕被傷到。所以必須做些調整，打造出一個特別的森林環境，讓他能夠輕鬆地四處走動。於是工作人員費了很多功夫移除多刺的灌木和石塊，以免馬斯提單腳用力踏下石塊時會感到疼痛。我們打

老虎打算攻擊的時候都會先嘶聲作響或低聲咆哮。牠們的吼聲向來著名，但是通常不會用吼聲來嚇唬其他動物。牠們的吼聲是用來和遠處的老虎溝通。在夜裡，一頭孟加拉虎的吼聲可以傳到三公里遠的地方。

知識小檔案

造了一些平台，讓他可以不費力地爬上去，再增設一些像原木和輪胎之類的有趣玩具。還有既然他喜歡玩水，那就用混凝土蓋一座大水池讓他可以泡在水裡放鬆心情。

　　總算到了要馬斯提送進新圍場的這一天了，每個人都拭目以待。結果馬斯提才一進到裡面，野生老虎的性格就都回來了，這一點令大家很是欣慰。他對每一個細微的聲音和動靜都有反應，也開始在附近的灌木叢灑上自己的氣味記號，標示出他的領地，威武地宣告這裡歸他統治。

眾所皆知，
老虎是靠「標示」
領地來警告其他老虎
遠離此處。這類的領地標示
行為包括用爪子在樹上刮出痕
跡，噴點尿，還有把身上的氣味
抹在樹上和灌木叢上。老虎可以
從尿液裡的氣味差異聞出其他老虎
的年齡、性別、和繁殖條件。

　　從馬斯提被因禁以來，這是他第一次表現出冷靜和胸
有成竹的樣子。顯然他很高興終於能遠離人類窺探的目
光，而他會厭惡人類也是理所當然的。

　　馬斯提在班內加塔的出現，對住在這裡的其他老虎產生了有趣的影響。其中一頭還活著的西伯利亞公虎哈拉克突然改睡在靠近馬斯提夜間圈地附近的圍籬旁……這對平常時間都藏匿在森林裡的老虎來說是很不尋常的行為。一開始，湯尼和照護員心想哈拉克是不是想跟馬斯提做朋友，不過他們又懷疑這比較可能是一種典型的老虎行為，

他想保護自己的領地，防患新來乍到的外來者。隨著時間的過去，牠們之間並沒有發展出互相仇視的關係。也許牠們終有一天會彼此釋出善意？又或許哈拉克只是熱中於觀察馬斯提，想偷學野生老虎的一些習慣？

所以現在班內加塔有了三個亞種的老虎住在保護區裡：蘇門答臘虎、孟加拉虎、和西伯利亞虎。對於觀察這三個亞種的不同，照護員可是感興趣的很，尤其是牠們對圍場內所設置的活動各有什麼反應？令他們意外的是，馬斯提比其他頭老虎、甚至比洛基都要來得好奇。馬斯提只要一瞄到有新玩意兒出現，一定上前查探。

他喜歡玩球，會在夜間圍場裡四處拍打它們，一玩就是好幾個小時。他尤其喜歡把它們撞進自己的水池，看著它們消失在水裡，然後又浮出來。

相反的，洛基對新裝設的活動設施反倒會先無視它好幾天，後來才去查看。等到他終於感興趣時，他會探究得很徹底，若是他喜歡某樣東西，一定會一玩再玩。但是跟馬斯提比起來，他對環境的改變反應慢了許多。湯尼不免

好奇，是不是因爲洛基早年曾被囚禁，以致於鈍化了他的老虎本能。他雖然熱愛生活，也喜歡跟人類玩耍，但說到對森林環境的警覺性，野生的馬斯提縱然身有殘疾，還是比他敏銳多了。

第 十 章
洛基的未來

　　湯尼依舊繼續幫生而自由基金會前來探視班內加塔的老虎們。他每次來，都會想辦法花點時間陪陪牠們，不過這其實並不容易，尤其雨季的時候，過度蔓生的叢林會害他很難在森林圍場裡找到牠們的蹤跡。不過他很滿意班內加塔的工作人員用心修建和改善圍場內的設施，不斷提供新的刺激，讓老虎們不至於無聊，也很努力地照顧牠們的健康，調整飲食，及時治療任何感染或腸胃問題。

　　即便如此，老天還是自有祂的打算。從動物園來的老虎吉妮和馬戲團的老虎們後來都死了。每一頭都以印度儀

式火化，以示對牠們的尊重，再將骨灰灑在園區裡。

　　愛發出怒吼的孟加拉虎馬斯提在班內加塔住了六年之後，於二〇一三年離世。馬斯提死前沒多久，湯尼曾來探訪。他發現馬斯提一直在睡覺，看起來很虛弱，但感覺自在。他們揣測他應該有十七歲了。雖然這頭老虎向來以憎恨人類出名，但到了晚年時，反倒較能容忍人類，就好像是終於接受了他們一直想幫助他、始終陪在他身邊的事實。

在某些文化裡，老虎的骨骼和其他部位被認為具有療效。事實上，從古至今，老虎向來讓人聯想到好運、魔法、幻像、膽識、潛行、和繁殖力。此外，也被視為惡與善的兩股力量。因此有些儀式會利用到牠們的身體部位和製成品，或者拿來入藥或當成禮物送人。不幸的是，市場對老虎身體部位和製成品的需求也引發了人類野生老虎的盜獵。

當初從肯特郡移來的那六頭老虎，如今只剩下洛基還活著。他現在是一頭完全成熟的成年公虎了，所過的生活絕對比當年要是從寵物店被買走去當人家的寵物快樂幸福多了，如今的他仍然身強體壯，健康無虞，一身豐厚的橘色毛髮光滑到發亮。

幾年前，湯尼和**生而自由基金會**的活動主任艾利森‧胡德（Alison Hood）前來探望洛基。那時其實已經越來越難見到他了，因為他已經習慣待在森林圈地的深處，享受他的「野外」生活，只有到餵食時間，才會回到園區中央的院子裡。但這一次，工作人員刻意留他在院子，因為知道有訪客要來看他。

　　當時湯尼正和一些工作人員閒聊，但艾利森等不及想跟這頭威武的老虎打招呼，便逕行趨近圍籬。洛基注意到有新訪客，耳朵豎了起來，向前靠近，用他老虎的方式招呼艾利森。過了一會兒，湯尼出現了。洛基立刻掉頭不再理會艾利森，直接朝他的老朋友奔過去！顯然他從來沒忘

記這位從小就幫忙照顧他的男士。洛基花了幾分鐘的時間摩搓著湯尼旁邊的圍籬，表示他對他的親熱。然後過了一會兒，他轉身穿過大門，回到森林，消失在視線裡。

對湯尼來說，這是最兩全其美的結局。洛基還是認得和珍惜這張友善的人類面孔，但也欣然接受了遠離人類的生活方式，像頭野生老虎一樣深居森林。

生而自由系列

拯救大熊

即將出版

潔西・弗倫斯（Jess French）◎著
高子梅◎譯

天災人禍使得三頭小熊變成孤兒，失去媽媽的小熊難以存活，她們只能翻著發臭的垃圾堆，尋找食物碎屑。得到救助的小熊儘管不能野放，但以往痛苦的記憶終將消失。不管未來如何，我們知道這三頭小熊已經重生了。

拯救獅子

莎拉・史塔巴克（Sara Starbuck）◎著
高子梅◎譯

貝拉與辛巴自幼都與人類為伍，然而人類卻未能給予他們幸福。獅子是愛玩耍、探索、也愛撒嬌逗弄的大貓。人類不該是他們懼怕的生物，而是讓他們重回草原恣意奔馳的好幫手。他們的成長故事都有著淡淡的哀傷，但命運即將有所改變。

生而自由系列

拯救海豚

金妮‧約翰遜（Jinny Johnson）◎著
吳湘湄◎譯

湯姆與米夏這兩隻海豚困在小小的水池中供遊客觀賞，汙濁的水和喧囂的噪音讓他們痛苦不堪。人們開始抗議，希望幫助他們重獲自由、回歸大海。然而被馴養的海豚，在重返大海的路上還有許多難關。

拯救大象

路易莎‧里曼（Louisa Leaman）◎著
吳湘湄◎譯

非洲象妮娜從小失怙，被動物園救起後，開始了長年的囚禁歲月。亞洲象平綺在年幼時就因受傷而被送到「大象中途之家」。在眾人的幫助下，他們得以回歸野外，人們不清楚被圈養過的動物是否能夠適應野外，但他們都義無反顧地走向自由。

生而自由系列

拯救猩猩

潔西・弗倫斯（Jess French）◎著
羅金純◎譯

年幼的黑猩猩出生在喀麥隆的叢林，卻因
為盜獵者而被迫離開家人，淪為招攬客人
的賺錢工具。正當她幾乎陷入絕望之際，
救援之手向她伸出，從此一切開始有了新
的轉機。

拯救花豹

莎拉・史塔巴克（Sara Starbuck）◎著
羅金純◎譯

洛珊妮和瑞亞這對花豹姊妹，雖然被取了
個希臘女神般氣勢磅礡的名字，卻只能困
在環境惡劣的動物園裡。救援小組將她們
轉移到南非，花豹們終於可以仰望天空，
享受微風輕拂。有了一個永遠擺脫囚禁悲
劇的自由世界。

蘋果文庫 114

拯救老虎
Tiger Rescue

作者 | 路易莎・里曼（Louisa Leaman）
譯者 | 高子梅

責任編輯 | 陳彥琪　封面設計 | 伍迺儀
美術設計 | 黃偵瑜　文字校對 | 許仁豪

創辦人 | 陳銘民
發行所 | 晨星出版有限公司
行政院新聞局局版台業字第2500號
總經銷 | 知己圖書股份有限公司
地址 | 台北 106台北市大安區辛亥路一段30號9樓
TEL：(02)23672044 / 23672047　FAX：(02)23635741
台中 407台中市西屯區工業30路1號1樓
TEL：(04)23595819　FAX：(04)23595493
E-mail | service@morningstar.com.tw
晨星網路書店 | www.morningstar.com.tw
法律顧問 | 陳思成律師
郵政劃撥 | 15060393（知己圖書股份有限公司）
讀者專線 | 04-2359-5819#230

印刷 | 上好印刷股份有限公司

出版日期 | 2018年12月1日
定價 | 新台幣230元

ISBN 978-986-443-531-9

國家圖書館出版品預行編目資料

拯救老虎 / 路易莎・里曼（Louisa Leaman）著；高子梅譯.
-- 初版. -- 臺中市：晨星，2018.12
　　面；　公分. --（蘋果文庫；114）（生而自由系列）

譯自：Tiger rescue : true-life stories

ISBN 978-986-443-531-9（平裝）

1.虎　2.動物保育　3.通俗作品

389.818　　　　　　　　　　　　　　　　107017774

生而自由系列

拯救老虎

立即加入會員

1. 掃描「線上填寫」QR Code，立即獲得價值50元購書優惠卷！
2. 拍照本回函資料，加入官方Line@，再以Line傳送，或是傳至官方FB粉絲團。

QR Code
「線上填寫」

Line QR Code
「官方line@」

FB QR Code
「官方FB粉絲團」

蘋果文庫 悄悄話回函

親愛的大小朋友：

感謝您購買晨星出版蘋果文庫的書籍。歡迎您閱讀完本書後，寫下想對編輯部說的悄悄話，可以是您的閱讀心得，也可以是您的插畫作品喔！將會刊登於專刊或FACEBOOK上。可將本回函拍照上傳至FB。

★購買的書是：<u>生而自由系列：拯救老虎</u>

★姓名：_____ ★性別：□男 □女 ★生日：西元___年___月___日

★電話：_____ ★e-mail：_____

★地址：□□□ _____ 縣／市 _____ 鄉／鎮／市／區
_____ 路／街 ___ 段 ___ 巷 ___ 弄 ___ 號 ___ 樓／室

★職業：□學生／就讀學校：_____ □老師／任教學校：_____
□服務 □製造 □科技 □軍公教 □金融 □傳播 □其他_____

★怎麼知道這本書的呢？
□老師買的 □父母買的 □自己買的 □其他_____

★希望晨星能出版哪些青少年書籍：（複選）
□奇幻冒險 □勵志故事 □幽默故事 □推理故事 □藝術人文
□中外經典名著 □自然科學與環境教育 □漫畫 □其他_____

★請寫下感想或意見